Die Erde im Weltall

❶

Kennst du die neun Planeten des Sonnensystems? Nenne ihre Namen.

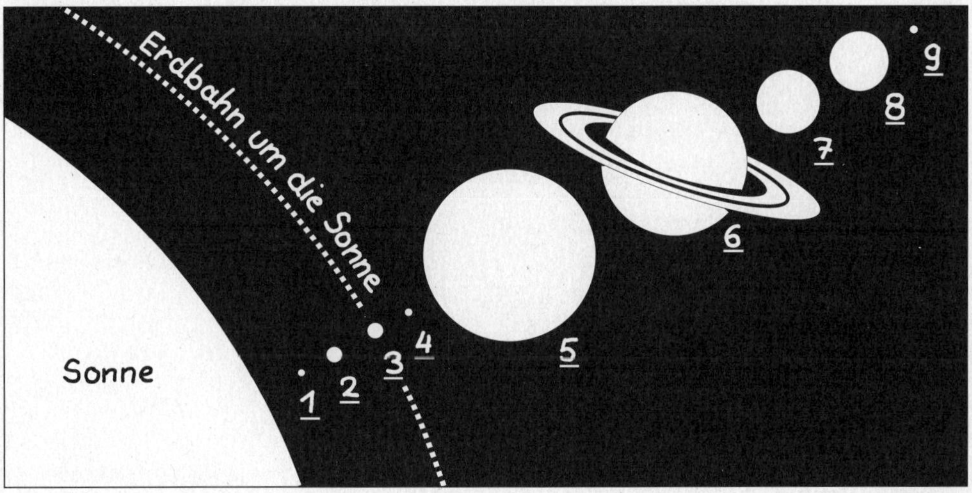

Merksatz

zu der Reihenfolge der neun Planeten:

Mein Vater erklärt mir jeden Sonntag unsere neun Planeten.

1 ______ 2 ______ 3 ______ 4 ______ 5 ______

6 ______ 7 ______ 8 ______ 9 ______

❷

Hier siehst du vier Stellungen des Mondes auf seiner Umlaufbahn um die Erde. Dabei ist die der Sonne zugewandte Seite immer hell beleuchtet, der abgewandte Teil des Mondes dunkel. Wie sieht jeweils der Mond von der Erde aus?

a) Trage zuerst in die Kästchen den Namen der Phase ein. Benutze die Begriffe:
abnehmender Mond – Neumond – Vollmond – zunehmender Mond.

b) Klebe die vier Mondphasen aus dem Ausschneidebogen an die richtigen Stellen.

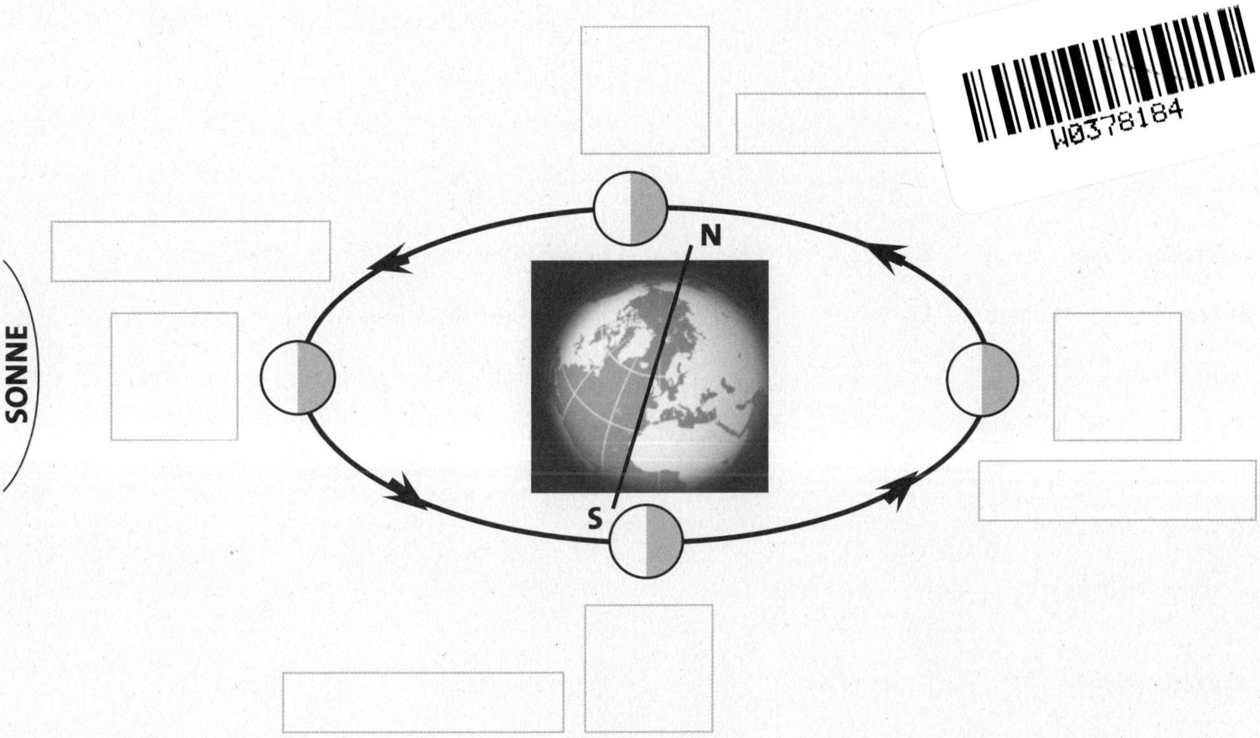

Naturzonen der Erde

❶
Färbe die Karte und die Felder der Legende mit den angegebenen Farben:
Kalte Zone = blau, Gemäßigte Zone = braun, Subtropen = orange, Tropen = grün.

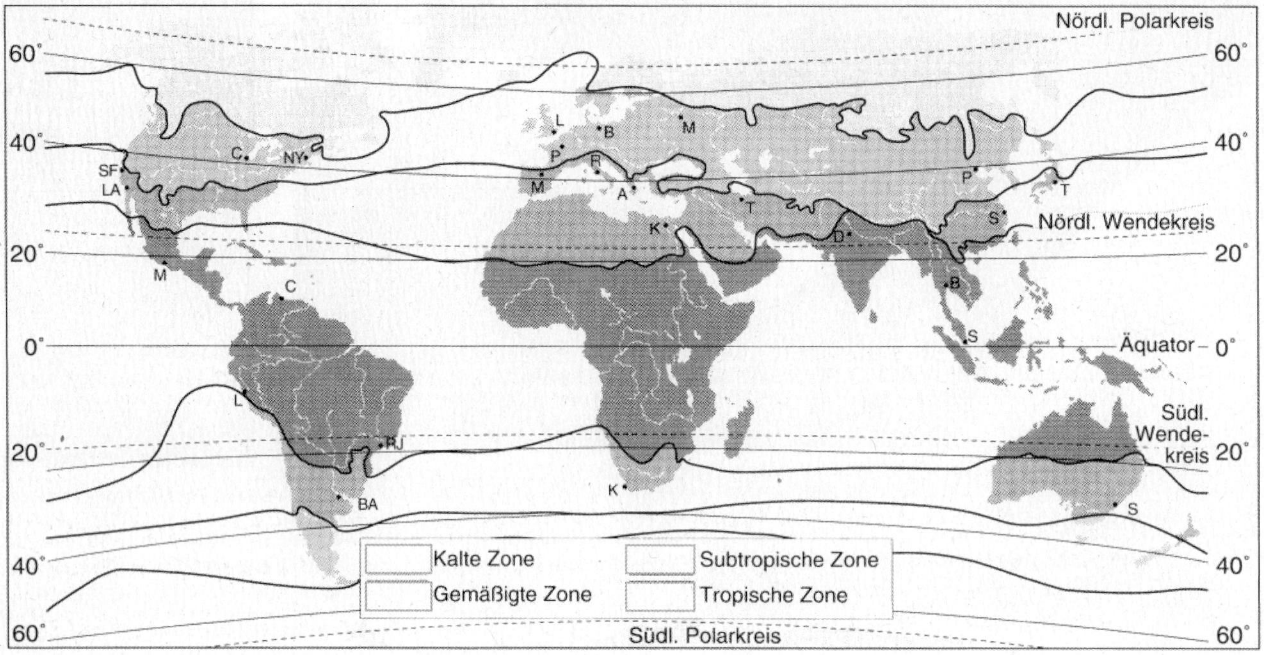

❷
a) Klebe die Fotos aus dem Ausschneidebogen ein.
b) Vervollständige die Jahresmittel der Temperaturen. Nutze dazu die Werte auf Seite 13 in deinem Schülerbuch.

Vegetationszone: Kalte Zone

Jahresmittel der Temperatur: ______________

Vegetationszone: Gemäßigte Zone

Jahresmittel der Temperatur: ______________

Vegetationszone: Subtropen

Jahresmittel der Temperatur: ______________

Vegetationszone: Tropen

Jahresmittel der Temperatur: ______________

TERRA Arbeitsheft
Nordrhein-Westfalen Hauptschule 7/8 ISBN 3-623-23535-0

▼ Seite 15 ▼

▲ Seite 10 ▲

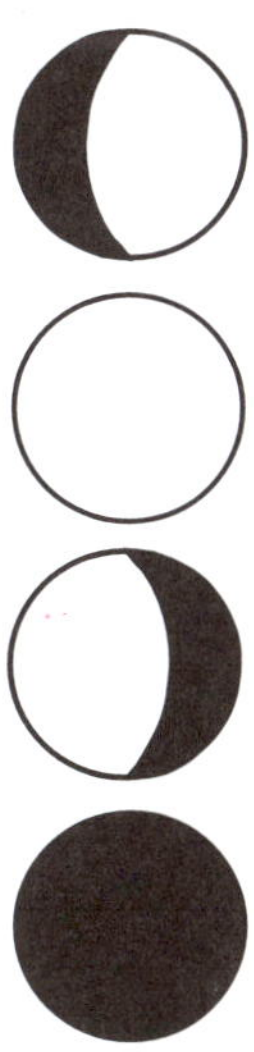

▲ Seite 1 ▲

Karibu (Rentier)

Eisbär

◄ ▼Seite 4 ▲

Walross

▼ Seite 2 ►

▼ Seite 24 ▼

TERRA Arbeitsheft
Nordrhein-Westfalen Hauptschule 7/8 ISBN 3-623-23535-0

Arktis und Antarktis

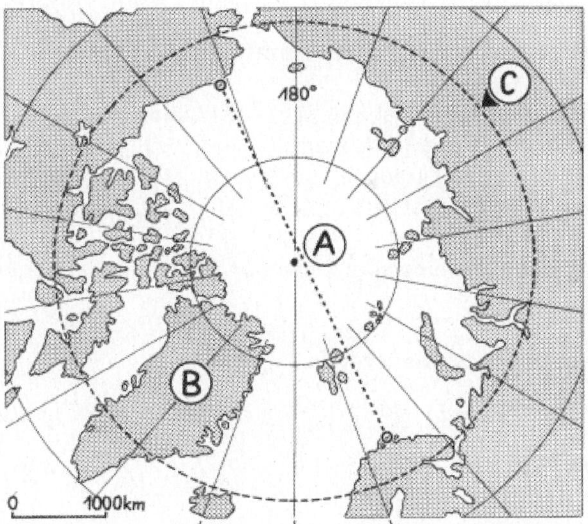

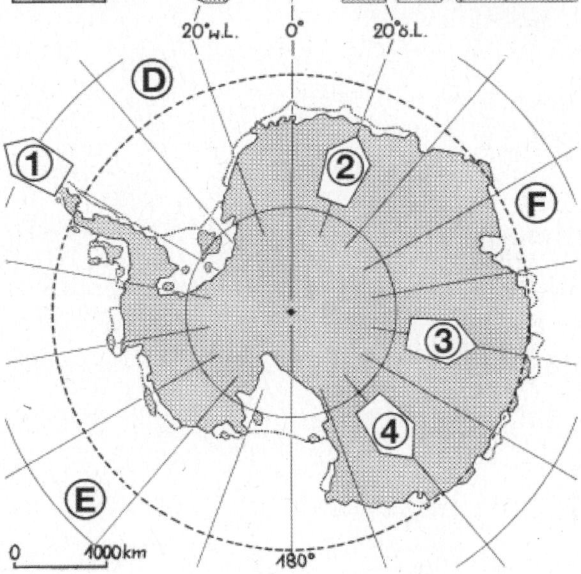

Warum fressen die Eisbären die Pinguine nicht?

❶

Orientierung in der Arktis

a) Bezeichne den Ozean und die größte Insel der Arktis.

Ⓐ ______________

Ⓑ ______________

b) Nenne die drei Länder mit dem flächenmäßig größten Anteil an der Arktis.

____

____

____

c) Das Gebiet innerhalb eines besonderen Kreises wird als Arktis bezeichnet. Wie heißt dieser Kreis?

Ⓒ ______________

d) Zeichne diesen Kreis rot nach und bestimme seinen Durchmesser.

______________ km

❷

Orientierung in der Antarktis

a) Beschrifte die Meridiane der Karte mit der richtigen Gradzahl.

b) Welche Kontinente erreichst du bei einem Flug in Richtung der eingetragenen Pfeile 1 bis 4 zuerst?

① ______________ ③ ______________

② ______________ ④ ______________

c) Bezeichne die Weltmeere.

Ⓓ ______________

Ⓔ ______________

Ⓕ ______________

d) Gib die größte Ausdehnung der Antarktis an.

______________ km

e) Gestalte die Karte farbig.

- Transantarktisches Gebirge
- ▲ Höchster Berg
- Schelfeis
- Südlicher Polarkreis

❸

Wie tief können in der Antarktis Eiskerne erbohrt werden?

____

____

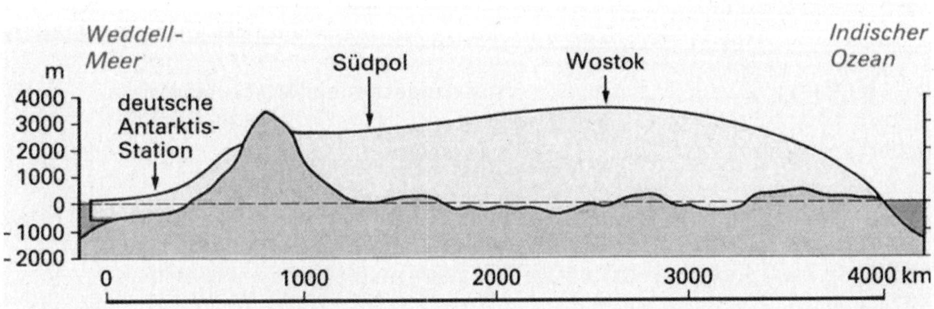

TERRA Arbeitsheft
Nordrhein-Westfalen Hauptschule 7/8 ISBN 3-623-23535-0

Polartag/Polarnacht

❶

Wie entstehen Polartag und Polarnacht? (Bei dieser Aufgabe hilft dir auch die Zeichnung 1 auf Seite 10 in deinem Schülerbuch.)

Wenn man von einem Raumschiff aus schräg von oben auf die Nordhalbkugel der Erde schauen könnte, dann würde sich jeweils am Beginn unserer vier Jahreszeiten eines der Bilder in der Zeichnung bieten.

a) Male bei jeder Erdkugel die nicht beleuchtete Hälfte mit Bleistift schwach grau an.

b) Färbe bei den zutreffenden Erdkugeln das Gebiet des Polartages am Nordpol gelb und das Gebiet der Polarnacht dunkelgrau ein.

c) Trage zu jeder Erdkugel das richtige Datum für den Stand zur Sonne und einen der folgenden Sätze ein:
- Im Nordpolargebiet ist Polartag.
- Im Nordpolargebiet ist Polarnacht.
- Im Nordpolargebiet sind Tag und Nacht genau gleich lang. (Diesen Satz brauchst du 2x.)

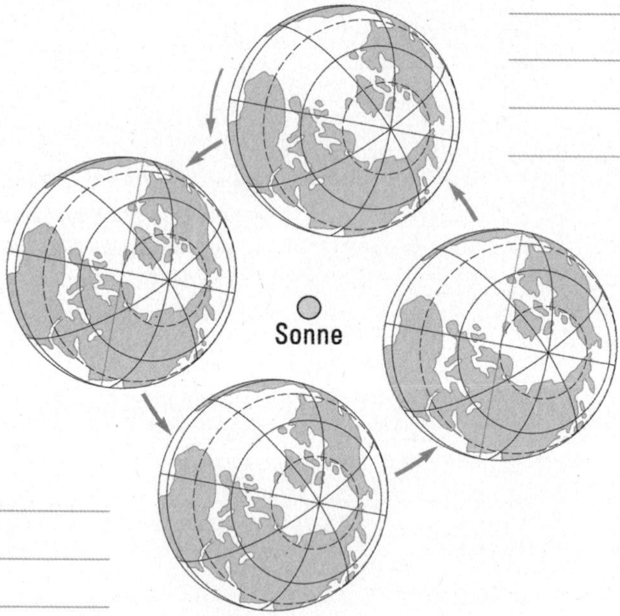

❷

Fülle den Lückentext aus.

Am 21.06. wird das Nordpolargebiet vollständig beleuchtet. Dort scheint die Sonne dann 24 Stunden, das nennt man ________________ . Auf der gesamten Nordhalbkugel ist ________________ . Der Polartag dauert genau am ________________ am längsten – ein ________________ Jahr.

Am 21.12. wird das Nordpolargebiet ________________ beleuchtet. Es bleibt 24 Stunden lang ________________ , das nennt man ________________ . Auf der gesamten Nordhalbkugel ist ________________ . Die Polarnacht dauert genau am ________________ wieder ein ________________ Jahr.

Am 21.03. und am 23.09. wird das Nordpolargebiet nur zur Hälfte beleuchtet. Im Nordpolargebiet sind ________ und ________ dann gleich lang, beide dauern an diesen Tagen jeweils ________________ .

Das Leben der Inuit

❶
Fülle mithilfe der Seiten 28 - 31 in deinem Schülerbuch die Tabelle aus: Das Leben der Inuit früher und heute.

	früher	**heute**
Kultur		
Wohnweise		
Kleidung		
Verkehrsmittel		
Ernährung		
Jagdwaffen		
Beruf		
Bildung		

❷
Alles was die Inuit zum Leben brauchen, lieferten ihnen die Tiere. Fülle die Tabelle aus und klebe die „Tiere der Inuit“ aus dem Ausschneidebogen neben der Tabelle auf.

Teil des Tieres	**Verwendungszweck**
Fleisch	
	Kajaks
	Harpunenpfeil
	Hundefutter

Eisbär

Karibu (Rentier)

Walross

Forstwirtschaft bei uns

1
Beschrifte die Kästchen mit folgenden Begriffen:
Wirtschaftsweg, Sägewerk, Fichtennadelwald, Mischwald, Schonung.

2
Ordne die Begriffe zu:
Wald mit verschiedenen Baumarten, Wald mit einer Baumart, Bäume sind alle gleich alt, Bäume sind verschieden alt, unterschiedlich hohe Bäume, gleich hohe Bäume, vielfältiger und artenreicher Lebensraum, gleichförmiger und artenreicher Lebensraum.

Monokultur	Naturnaher Wald

3
Berechne: Ein Nadelwald braucht bis zur Schlagreife zehn Jahre. Der Waldbesitz umfasst 200 ha und wird nachhaltig bewirtschaftet. Wie viele ha darf der Waldbesitzer jedes Jahr roden, wenn er jedes Jahr ein ha Schonungen anlegt?

4
a) Zeichne die 5 °C-Temperaturlinie ein.
b) Liste die Wachstumsmonate für Bäume auf.

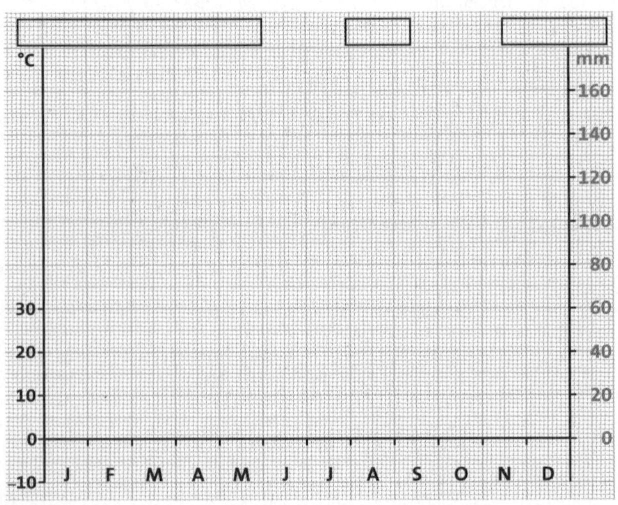

 ISBN 3-623-23535-0

Weizenfarmer in den USA

1

a) Färbe die Weizenanbaustaaten gelb (in der Liste fettgedruckt).
b) Atlasarbeit: Suche die Bundesstaaten der USA in der Atlaskarte und trage die richtige Zahl in die Karte ein.
c) Welche beiden Bundesstaaten fehlen auf der Karte? Trage sie in die Liste ein.

1 Alabama
2 Arizona
3 Arkansas
4 Colorado
5 Connecticut
6 Delaware
7 Florida
8 Georgia
9 Idaho
10 Illinois
11 Indiana
12 Iowa
13 Kansas
14 Kentucky
15 Kalifornien
16 Lousiana
17 Maine
18 Maryland
19 Massachusetts
20 Michigan
21 Minnesota
22 Mississippi
23 Missouri
24 Montana
25 Nebraska
26 Nevada
27 New Hampshire
28 New Jersey
29 New Mexico
30 New York
31 North Carolina
32 North Dakota
33 Ohio
34 Oklahoma
35 Oregon
36 Pennsylvania
37 Rhode Island
38 South Carolina
39 South Dakota
40 Tennessee
41 Texas
42 Utah
43 Vermont
44 Virginia
45 Washington
46 West Virginia
47 Wisconsin
48 Wyoming
49 ____________
50 ____________
51 Washington D. C.

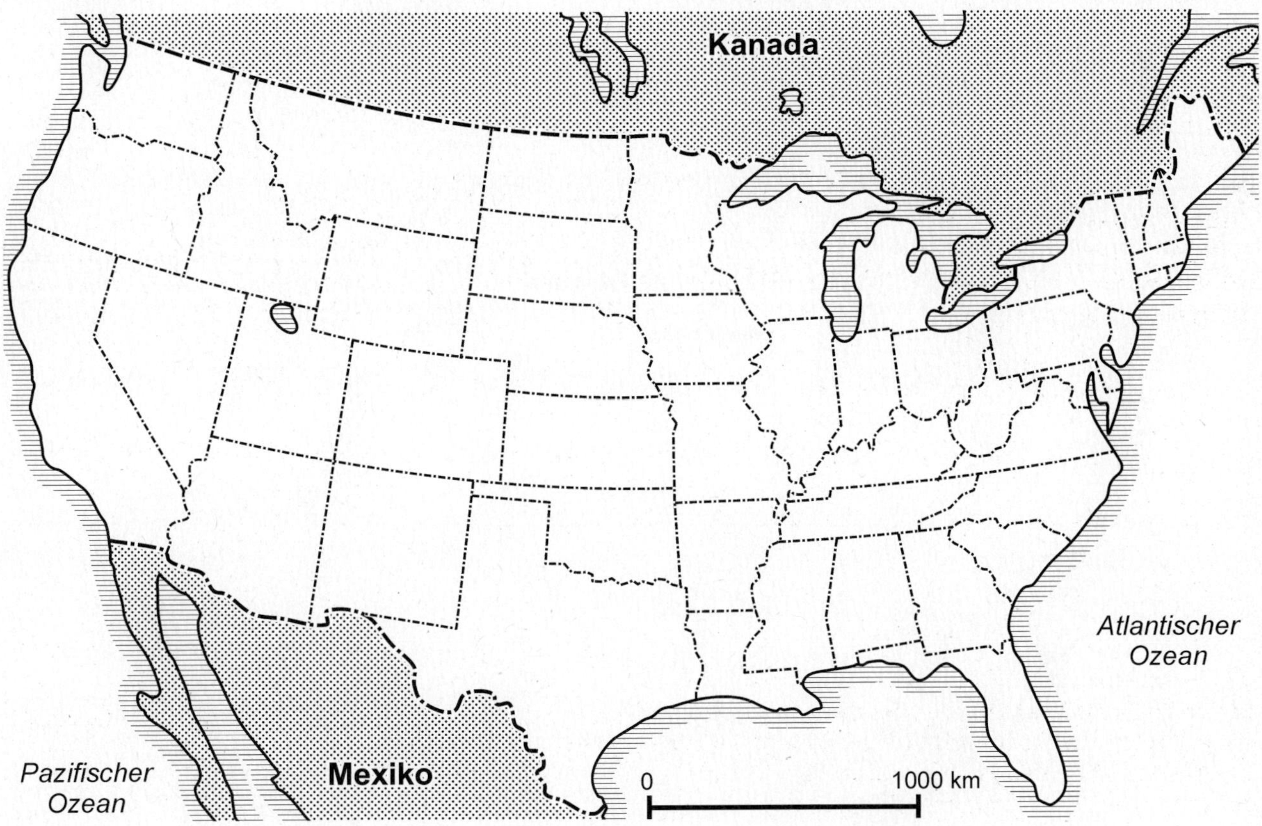

2

Die „Badlands" haben ihren Namen von den Bodenabspülungen, die das Land für die Landwirtschaft bad=schlecht werden ließ. In welchem Bundesstaat findest du sie im Atlas? ____________

3

a) Welche landwirtschaftliche Nutzung findest du nördlich und südlich der Badlands?

____

____

b) Erkläre, warum diese Nutzung hier vorherrscht?

____

____

Ein See verschwindet in der Wüste

❶

Setze die unten stehenden Begriffe und Sätze in das Wirkungsgefüge richtig ein.
Versickerung durch Kanäle, Sinken des Wasserspiegels, Fischerei wird aufgegeben, Auswirkungen auf die Menschen, Salz- und Sandauswehungen vom Seeboden, Verdreifachung des Salzgehaltes, Verringerung des Zuflusswassers, Bewässerung der Baumwolle, Verdunstung des Bewässerungswassers, Abnahme der Seefläche, Wasservergiftung durch Dünger und Schädlingsbekämpfungsmittel

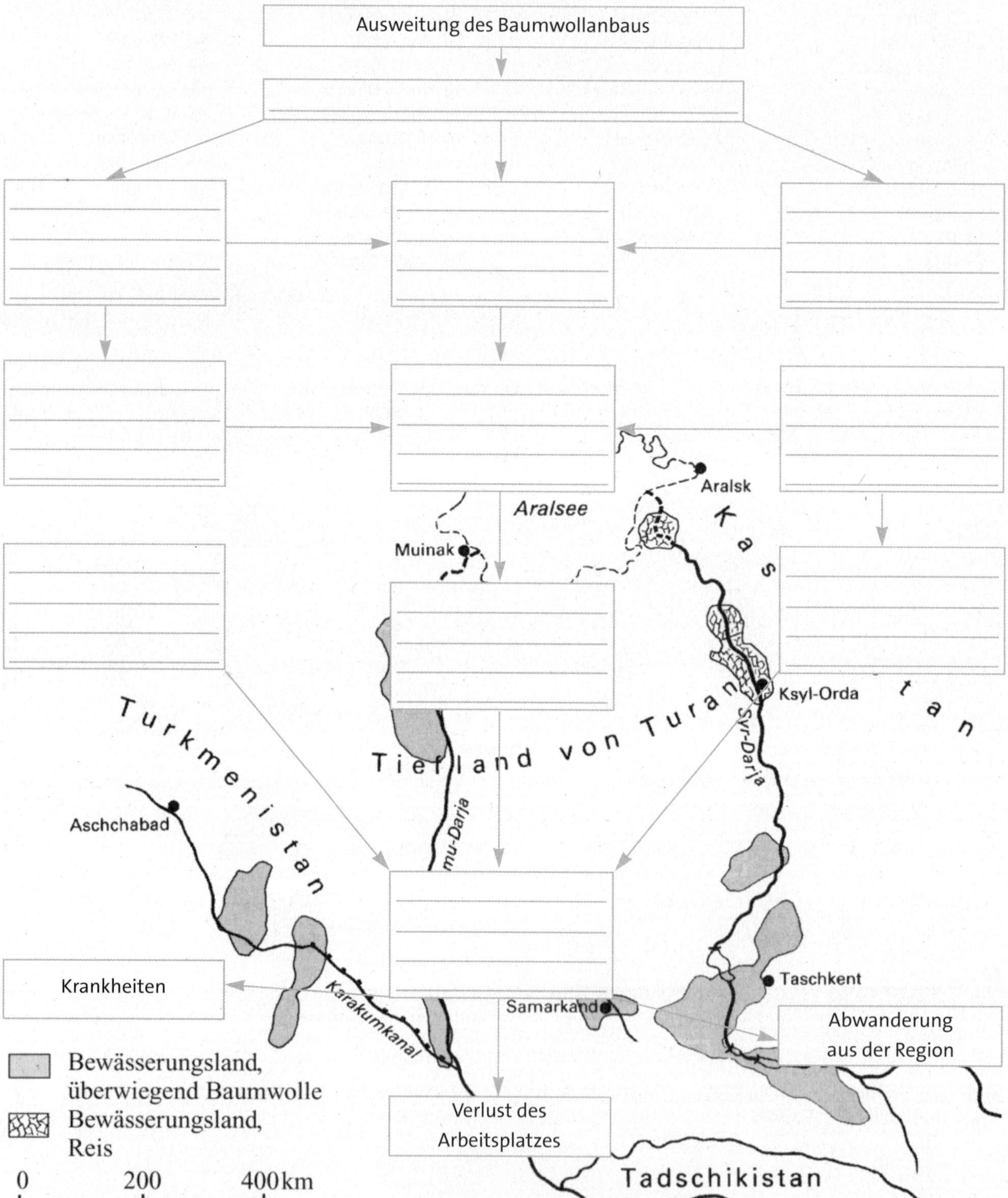

 ISBN 3-623-23535-0

❶
Suche die aufgeführten Klimastationen im Atlas und trage sie in die Karte ein (Beispiel 1).
❷
Zeichne die Niederschläge als Säulendiagramme in die Basisvorlage ein.
❸
Beschreibe und vergleiche die Niederschläge der einzelnen Stationen.

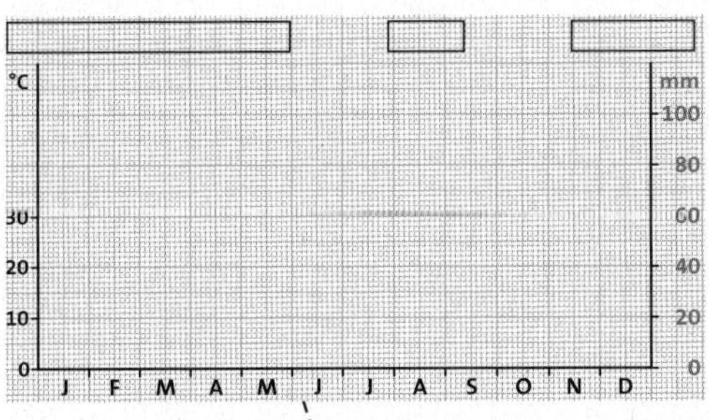

① Barcelona		③ Rom
25 mm	Jan.	74 mm
49 mm	Febr.	87 mm
52 mm	März	79 mm
53 mm	April	62 mm
56 mm	Mai	57 mm
35 mm	Juni	38 mm
28 mm	Juli	6 mm
34 mm	Aug.	23 mm
67 mm	Sept.	66 mm
99 mm	Okt.	123 mm
66 mm	Nov.	121 mm
36 mm	Dez.	92 mm

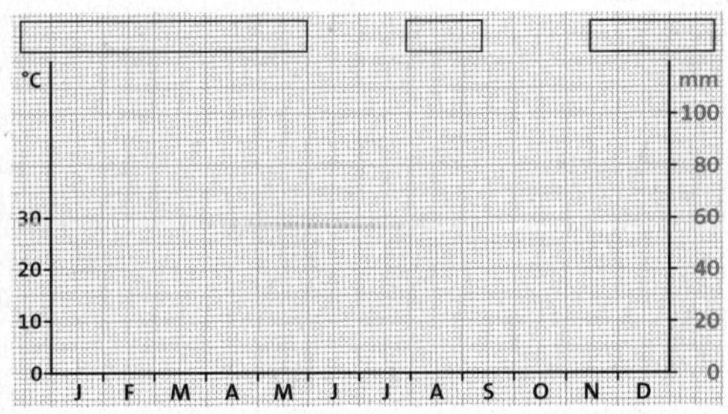

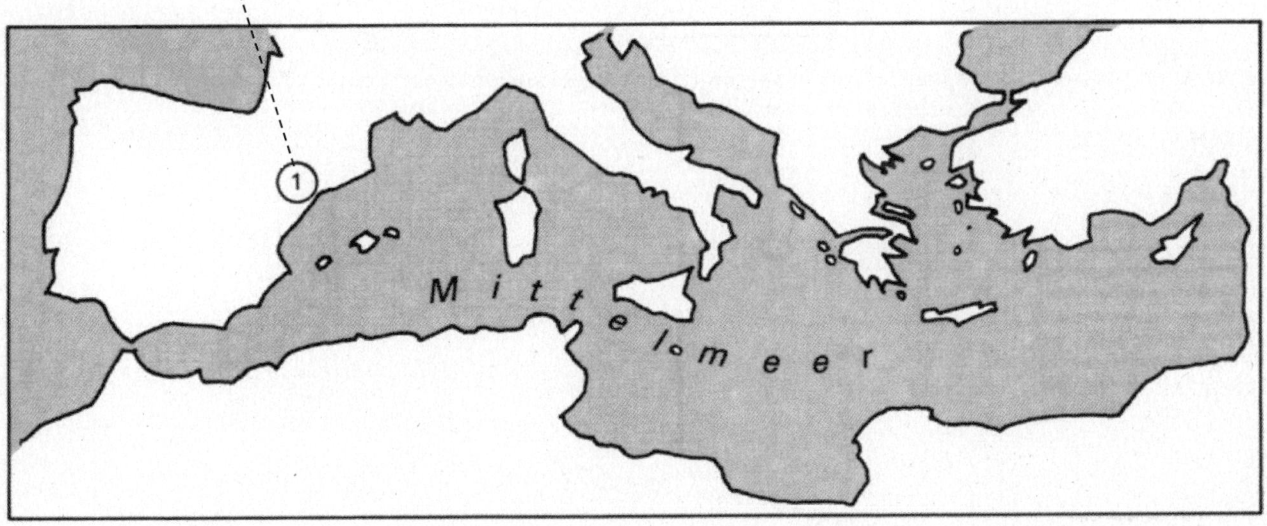

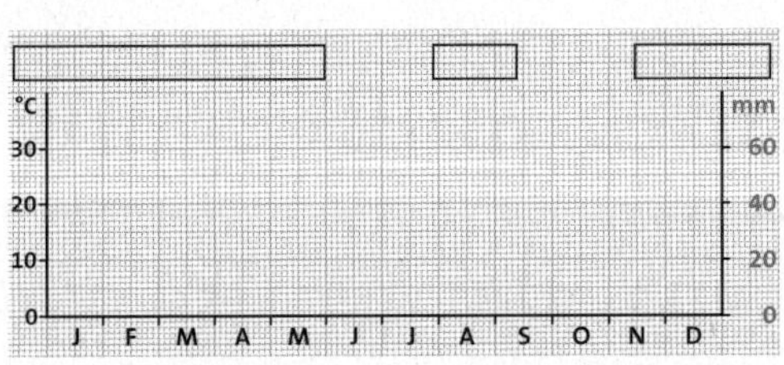

② Tripolis		④ Kairo
81 mm	Jan.	5 mm
46 mm	Febr.	5 mm
28 mm	März	5 mm
10 mm	April	3 mm
5 mm	Mai	3 mm
3 mm	Juni	0 mm
0 mm	Juli	0 mm
0 mm	Aug.	0 mm
10 mm	Sept.	0 mm
41 mm	Okt.	3 mm
66 mm	Nov.	3 mm
94 mm	Dez.	5 mm

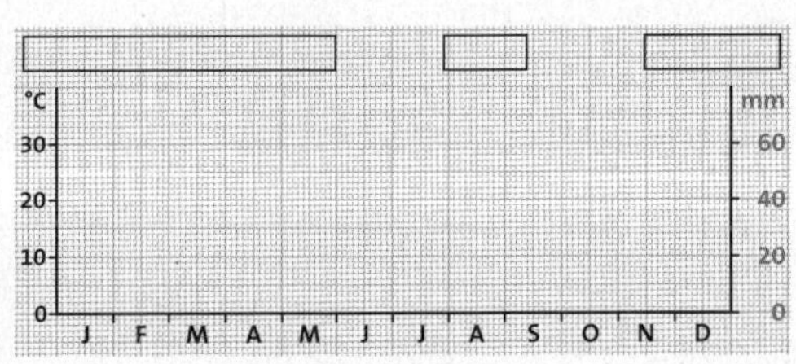

 ISBN 3-623-23535-0

Reis am Jangtse

❶

Arbeite mit dem Schülerbuch und dem Atlas:

a) Trage in die Leerkästchen der Karte folgende Begriffe ein:
Weidewirtschaft, Weizenzone, Reiszone, Gemäßigte Zone, Subtropenzone, Tropen.

b) Ordne den Landwirtschaftszonen folgende Hauptanbaupflanzen bzw. die Wirtschaftsform zu. Entwerfe dazu Kartenzeichen und trage sie in dem Legendenkasten und in der Karte ein.

Begriff	**Reis**
Reis	
Soja	
Baumwolle	
Weizen	
Mais	
Tee	
Zuckerrohr	
extensive Weidewirtschaft	

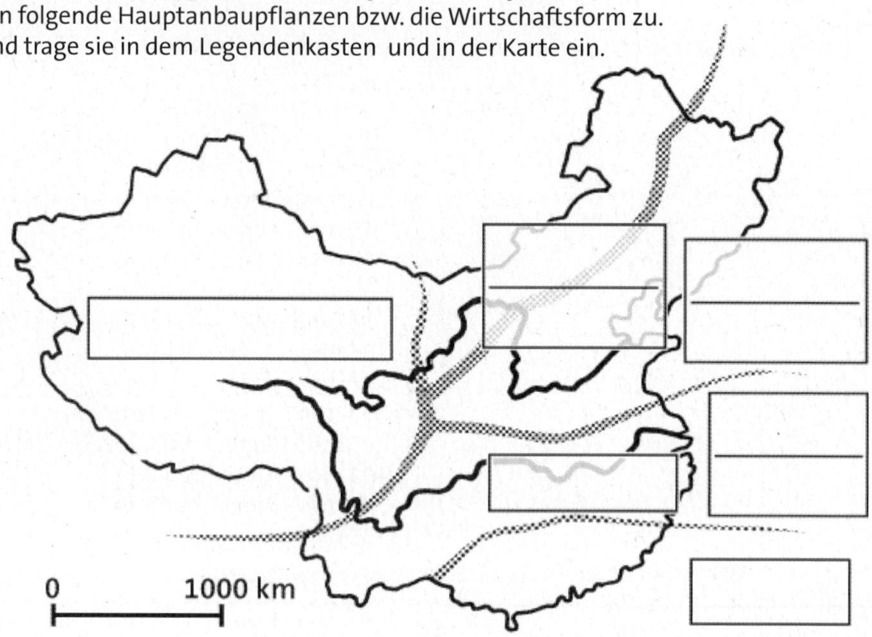

c) Begründe, warum das Jangtse-Gebiet eine besonders wichtige Landwirtschaftsregion Chinas ist.

❷

Klebe die Bilder zum Nassreisanbau aus dem Ausschneidebogen in die Skizze ein. Nummeriere die Bilder von 1 bis 4 in der richtigen Reihenfolge der Tätigkeiten und beschreibe diese in den entsprechenden Kästchen.

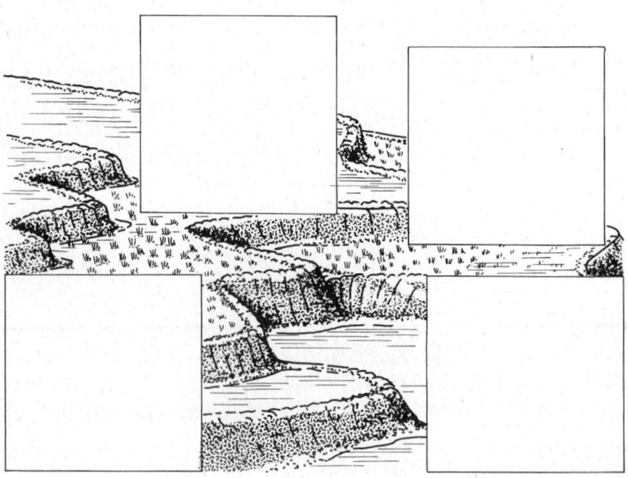

1

2

3

4

Sahara – ein Meer aus Sand?

1
Ergänze die Übersicht und markiere die drei Wüstenarten farbig. Nutze hierfür die Schülerbuchseiten 68/69.

Art der Wüste

			Salzwüste
arabisch:	arabisch:	arabisch:	arabisch:

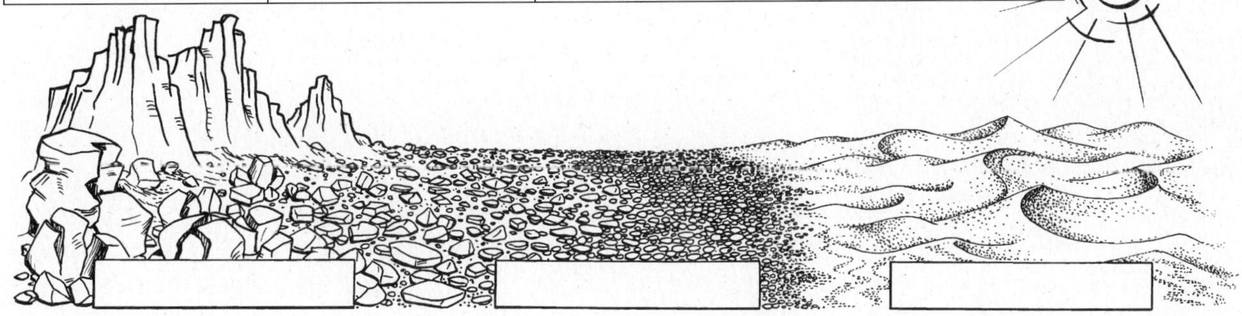

2
Stelle die Anteile der Wüstenarten in der Sahara als Streifendiagramm dar. Gestalte die Anteile in den Farben wie bei Aufgabe **1**.

Felswüste: etwa 70 %, Sandwüste: etwa 20 %, Kieswüste: etwa 5 %, Salzwüste: etwa 5%

3
Nenne Merkmale des Klimas und des Wasserhaushalts mithilfe der Klimastation Tamanrasset auf Seite 69 deines Schülerbuches und formuliere einen Zusammenhang.

KLIMA

WASSERHAUSHALT

4
Versuche unserem Freund eine Antwort zu geben.

5
In dem Buchstabenrätsel sind 10 Tiere, die in der Wüste leben, versteckt. Markiere sie farbig.

D	E	S	K	Z	L	D	W	T	A	Q	X
L	M	A	N	T	I	L	O	P	E	U	A
S	L	O	Z	U	H	R	L	P	B	I	O
P	W	Ü	S	T	E	N	F	U	C	H	S
R	A	C	Y	H	D	G	S	F	O	M	D
I	S	C	H	R	T	Z	S	M	V	Y	E
N	E	R	S	K	O	R	P	I	O	N	C
G	A	Z	E	L	L	E	I	L	T	P	H
M	U	F	F	I	A	M	N	U	T	R	S
A	Z	K	A	M	E	L	N	O	P	A	E
U	F	I	O	E	R	G	E	R	U	B	S
S	P	A	H	O	R	N	V	I	P	E	R

Im Flugzeug über die Savanne

1

Hier siehst du Ausschnitte aus der Zeichnung der Seiten 86/87 „Im Flugzeug über die Savanne" und ein Bild aus einer anderen Klimazone aus deinem Schülerbuch. Ordne die Abbildungen der jeweiligen Teilklimazone zu und verbinde durch Pfeile die Teilklimazonen mit den passenden Sätzen.

Ausschnitt	Teilklimazone	
		Nomaden ziehen von Weideplatz zu Weideplatz.
		Auch Tiere suchen unter den breiten Baumkronen Schutz vor der Sonne.
		Hier wächst das Gras sehr hoch. Wenn sich dieses Gras entzündet, kommt es zu gewaltigen Bränden.
		Vielleicht kommst du darauf, warum Eisbären keine Pinguine fressen.

2

Die Buchstaben der Namen ergeben in der richtigen Reihenfolge Begriffe.
a) Finde die Begriffe heraus.
b) Erkläre die Begriffe in einem Satz.

ANNE VAS

RON DE VANNAS

OLE TIPAN

LARA RIKAFZENT

1
Die Kartenausschnitte sind Tropische Regenwaldgebiete aus der Karte deines Schülerbuches Seite 96/97. Finde heraus, auf welchem Kontinent sie liegen und welche Staaten Anteil an dem jeweiligen Gebiet haben. Arbeite mit dem Atlas.

Tropischer Regenwald	Kontinent	Staaten

2
Pro Tag wird eine Fläche von ca. 550 km² Tropischer Regenwald vernichtet.

a) Nordrhein-Westfalen hat eine Fläche von 34077 km², in welcher Zeit wird die entsprechende Fläche Tropischer Regenwald vernichtet?

b) In welcher Zeit wäre die Fläche vernichtet, die der Bundesrepublik Deutschland (357021 km²) entspricht?

Rätsel zur Wüste

❶
Fülle den Lückentext aus. Benutze dazu dein Schülerbuch Seite 84/85.

In der Sahara wird seit Jahrhunderten auf dem Rücken von ______________ Handel getrieben. Die Menschen, die diesen Handel betreiben, gehören dem Volk der ______________ an. Ein wichtiges Handelsgut, das in Salinen gewonnen wird, ist ______________ . In der ______________ herrscht so große Hitze, dass das Wasser in den Salinen schnell ______________ . Der Salzbrei wird zu ______________ geformt. Die Oase, in der das Salz gewonnen wird, heißt ______________ .

❷
Im Buchstabensalat sind senkrecht, waagerecht und diagonal 8 „Wüstenwörter“ versteckt.
Markiere sie mit einem Farbstift.

A	G	Z	A	U	G	U	S	T	I	E	R	K	C	S	C	H	U	L	E
P	T	U	A	R	E	G	L	E	I	S	E	A	O	U	A	D	G	O	I
Z	U	G	S	P	I	T	Z	E	U	S	N	N	O	T	K	L	E	T	T
E	U	R	O	P	A	N	B	R	S	I	T	T	L	S	T	W	I	O	E
M	F	R	I	S	C	H	U	I	G	E	L	U	A	K	I	K	G	N	R
A	L	E	M	O	S	T	S	I	L	B	E	B	F	N	E	A	E	K	E
C	U	D	O	B	O	N	N	O	T	M	E	T	E	O	R	M	M	U	I
K	S	E	N	O	A	S	E	N	F	O	A	A	A	E	R	E	I	S	C
E	S	O	D	E	I	N	D	U	S	T	R	I	E	D	T	L	N	S	H
I	N	A	S	A	L	Z	K	E	G	E	L	I	N	L	I	N	E	R	T

❸
Löse das Rätsel.

1. Für diese Kostbarkeit kennen die Tuareg 20 verschiedene Wörter.
2. Karawanen bringen das Salz zu diesen Orten.
3. Die Tuareg sind nicht sesshaft, sie sind ...
4. In dieser Wüste leben die Tuareg.
5. Dieser Wüstenbewohner spuckt Gift.
6. Das Salz wird gegen dieses Getreide getauscht.
7. Hier wird das Salz gewonnen.
8. Salz besteht aus Chlor und diesem Element.

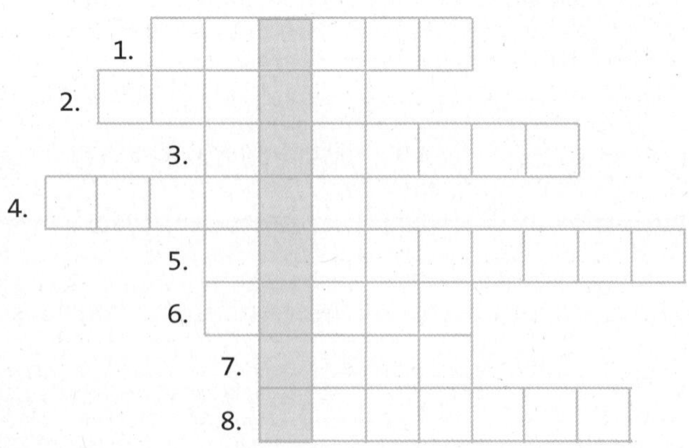

Puzzle und Rätsel

❶

Puzzle zu den Erdplatten und ihren Bewegungen

1. Schneide die Puzzleteile aus dem Ausschneidebogen aus und klebe sie zusammen.
2. Beschrifte die Platten mithilfe des Atlas.
3. a) Kennzeichne mit einem blauem Stift die Plattengrenzen auf dem Puzzle, bei denen sich zwei ozeanische Plattenränder voneinander entfernen.
   b) Kennzeichne mit rotem Stift die Plattengrenze, bei der sich eine ozeanische und eine kontinentale Platte aufeinander zu bewegen.
4. Betrachte die farbigen Bereiche und vergleiche mit dem Atlas. In welchen gekennzeichneten Gebieten gibt es Vulkanismus bzw. Erdbeben?

❷

Rätsel zum Themenblock Naturkräfte

1. Wenn die Flüsse aus ihrem Bett steigen.
2. Rettungsmaßnahme zum geordneten Rückzug.
3. Der Vulkan bricht aus.
4. Tropische Region mit Sturmsaison.
5. Bei Beben der Ort der schwersten Verwüstung.
6. Die Wasserhöhe eines Flusses.
7. Bevor die Lava den Krater erreicht.
8. Die Erdkruste ist ein Mosaik von ihnen.
9. „Große Woge im Hafen“
10. Der amerikanische Bruder des Taifuns.
11. Erdbebenmessgerät

1

Die Darstellung zeigt einen Schichtvulkan. Finde für jeden Begriff in der Liste die richtige Nummer der Darstellung.

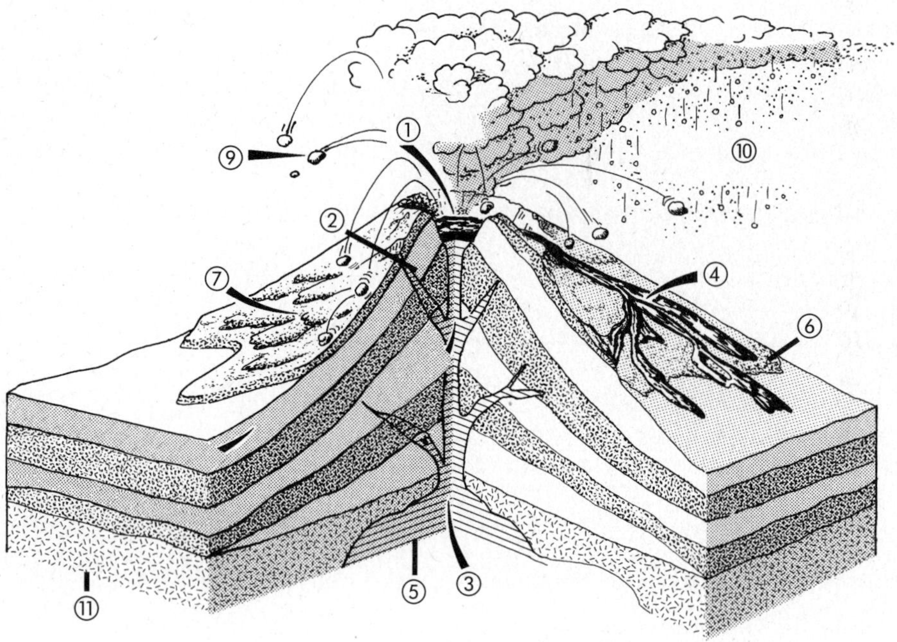

Ascheregen	
Ascheschicht	
Gesteinsbrocken	
Krater	
Lava	
Lavaschicht	
Magma	
Magmakammer	
Nebenkrater	
Nichtvulkanischer Untergrund	
Schlot	

2

Wo kommen Vulkane vor?
Ordne den Vulkanen aus der Liste die richtigen Nummern zu. Arbeite mit dem Schulatlas.

	Cotopaxi		Mauna Loa		Pinatubo
	Elbrus		Mt. Erebus		Popocatépetl
	Fujisan		Mt. Pelée		Sajama
	Kamerunberg		Mt. Saint Helens		Surtsey
	Kilimandscharo		Nevado del Ruiz		Tristan da Cunha
	Krakatau		Pico de Teide		Vesuv

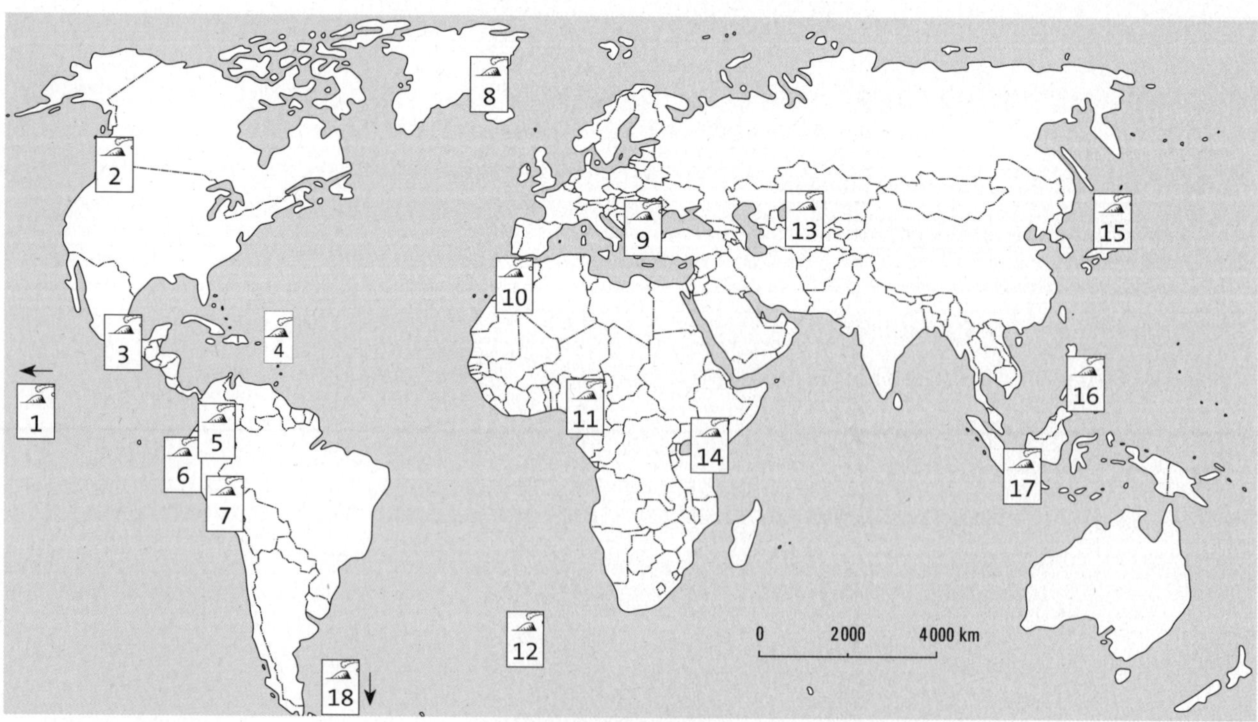

TERRA Arbeitsheft
Nordrhein-Westfalen Hauptschule 7/8 ISBN 3-623-23535-0

Bedeutende Erdbeben

❶
Trage die von Erdbeben betroffenen Regionen in der Karte farbig ein – wurde eine Region mehrfach von einem Erdbeben erschüttert, benutze dunklere Farbtöne.

Bedeutende Erdbeben 1992 – 2002 und ihre Stärken

1992	Nicaragua	7,7	2000	Neuirland, Papua-Neuguinea	8,0
1993	Zentrales Indien	6,2	2001	El Salvador	7,6
1994	Kalifornisches Längstal	6,7	2001	Westliches Indien	7,7
1994	Nordwest-Bolivien	8,2	2001	El Salvador	6,6
1994	Nordküste, Kalifornien	7,1	2001	US-Bundesstaat Washington	6,8
1995	Kobe, Japan	6,9	2001	Südküste Perus	8,4
1995	Sachalin	7,5	2002	Vanuatu	7,3
1997	Nord-Iran	7,5	2002	Hindukusch	7,4
1998	Grenze Afghanistan/Tadschikistan	6,1	2002	Mindanao	7,5
1998	Papua-Neuguinea	7,1	2002	Marianen	7,1
1998	Grenze Afghanistan/Tadschikistan	6,9	2002	Taiwan	7,1
1999	Kolumbien	6,3	2002	Grenze China/Nordkorea	7,2
1999	Süd-Kalifornien	7,1	2002	Fiji	7,5
1999	Taiwan	7,6	2002	Papua-Neuguinea	7,6
1999	Izmit, Türkei	7,4			

❷
Vergleiche die Erdbebengebiete mit der Verteilung der Erdplatten. Was stellst du fest?

 ISBN 3-623-23535-0

Über sechs Milliarden Menschen

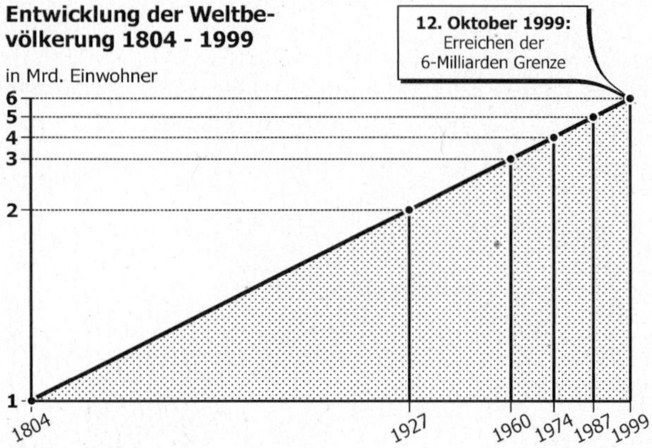

1

Bestimme mithilfe des Diagramms, wieviele Jahre es jeweils dauerte, bis die nächste Milliarde in der Entwicklung der Weltbevölkerung erreicht war. Was stellst du fest?

Zeitraum bis zur 1. Milliarde: ______ Jahre

Zeitraum von der 1. zur 2. Milliarde: ______ Jahre

Zeitraum von der 2. zur 3. Milliarde: ______ Jahre

Zeitraum von der 3. zur 4. Milliarde: ______ Jahre

Zeitraum von der 4. zur 5. Milliarde: ______ Jahre

Zeitraum von der 5. zur 6. Milliarde: ______ Jahre

2

Die Bevölkerungsgrößen der Länder im Jahr 2025

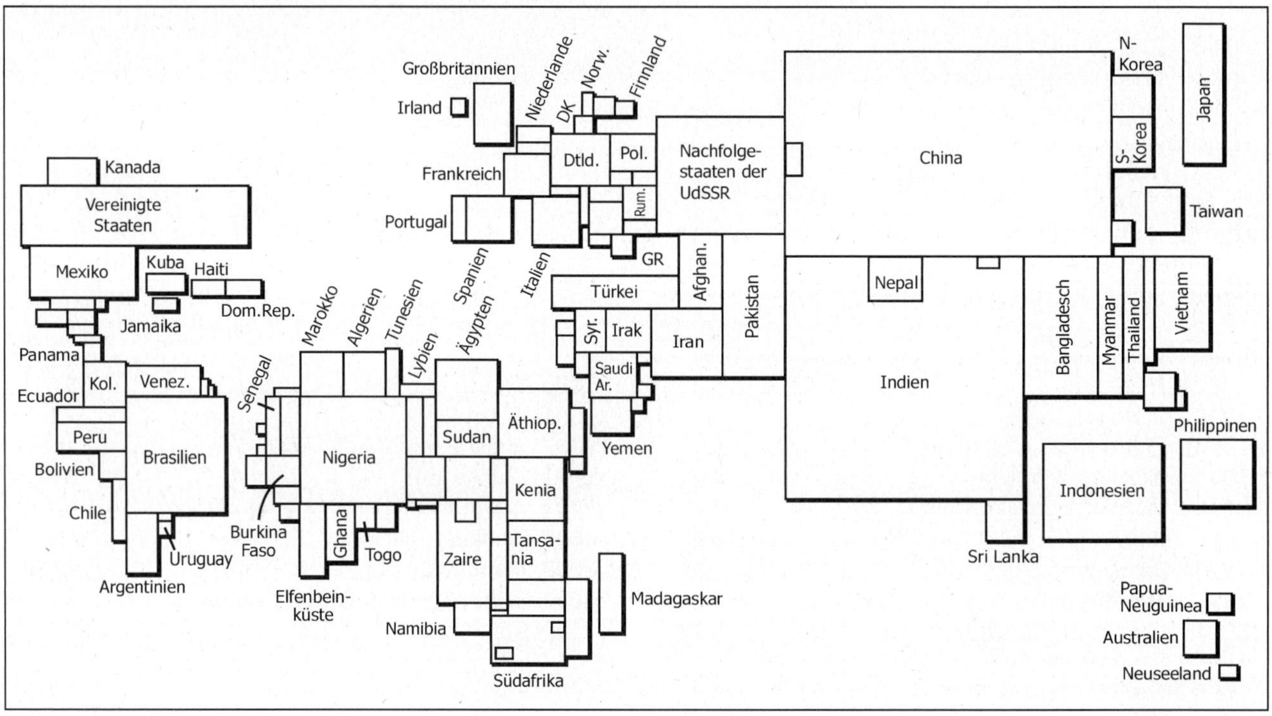

a) Eine merkwürdige Weltkarte: Sie zeigt die geschätzten Bevölkerungsgrößen der wichtigsten Weltstaaten im Jahr 2025. Ermittle die 12 bevölkerungsreichsten Staaten und male sie farbig aus:

Entwicklungsländer: rot   Industrieländer: grün   Welche Farbe überwiegt?

b) Suche aus den Strukturdaten ausgewählter Länder im Anhang deines Schülerbuches die 12 flächengrößten Länder der Erde heraus und schreibe sie auf. Unterstreiche diejenigen mit Rot bzw. Grün, die du in der Karte auch als bevölkerungsreichste Staaten gekennzeichnet hast.

Die einen werden mehr, die anderen älter

1

Eine Aufgabe zum Vergleich des Bevölkerungswachstums in einem Industriestaat und in einem Entwicklungsland. Du brauchst zur Bearbeitung einen Taschenrechner. Von Jahr zu Jahr musst du zur Bevölkerungszahl der beiden Länder die Wachstumsrate als Prozentzahl addieren (z. B. 0,6 %). Auf diese Weise ermittelst du das Bevölkerungswachstum. (Runde die Zahlen auf eine Stelle hinter dem Komma.)

Beispiel Industriestaat: **Niederlande**
Bevölkerung: 15,9 Mio.
Wachstumsrate (2000): 0,6%
Beispiel Entwicklungsland: **Ghana**
Bevölkerung: 19,3 Mio.
Wachstumsrate (2000): 2,9%
Differenz der Bevölkerungsgröße zwischen den beiden Ländern im Jahre 2000: ______ Millionen

Differenz 15 Jahre später im Jahr 2015 voraussichtlich: ______ Millionen

Bevölkerung in den Jahren ... (in Mio.)

	2000	2001	2002	2003	2004	2005	2006	2007	2008	2009	2010	2011	2012	2013	2014	2015
Niederlande																
Ghana																

2

Zeichne die Bevölkerungspyramide der Niederlande 2000 (Prozentwerte der Altersklassen).

Alter	0-4	5-9	10-14	15-19	20-24	25-29	30-34	35-39	40-44	45-49	50-54	55-59	60-64	65-69	70-74	75-79	80-84	>85
männlich	3,2	3,4	3,2	3,1	3,2	3,7	4,3	4,3	4,0	3,7	3,8	2,9	2,5	2,1	1,7	1,3	0,8	0,6
weiblich	3,1	3,2	3,2	3,0	3,1	3,7	4,1	4,1	3,9	3,6	3,7	2,8	2,5	2,3	2,1	1,8	1,3	1,2

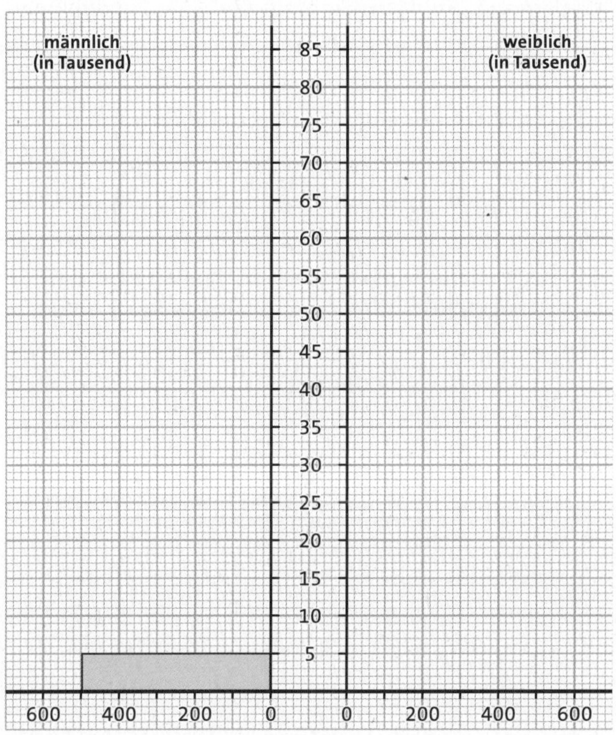

3

Vergleiche die Bevölkerungspyramide der Niederlande mit denen von Nigeria und Deutschland im Schülerbuch Seite 129. Schreibe auf, welche Probleme sich aus dem Altersaufbau für die Niederlande ergeben.

 ISBN 3-623-23535-0

Immer mehr Millionenstädte

1

a) Trage die 20 größten Millionenstädte des Jahres 2000 mit roten Punkten in die Weltkarte ein.

b) Rechne die Gesamtzahl der Einwohner (EW) in den 20 größten Metropolen aus.

1950: ______________ 2000: ______________

c) Markiere in der Tabelle die Millionenstädte, die in Entwicklungsländern liegen und vergleiche:

Anzahl der Metropolen in Industrieländern: 1950: ____ 2000: ____

Anzahl der Metropole in Entwicklungsländern: 1950: ____ 2000: ____

d) Warum hat die Zahl der Millionenstädte in den Entwicklungsländern zugenommen?

„Die 20 bevölkerungsreichsten Metropolen der Welt"

Jahr	1950		2000	
Rang		**Mio. EW**	**Rang**	**Mio. EW**
1	New York	12,3	1 Tokyo-Yokohama	26,4
2	London	8,7	2 Mexiko	18,1
3	Tokio	6,7	3 Mumbai (Bombay)	18,0
4	Paris	5,4	4 Sao Paulo	17,8
5	Schanghai	5,3	5 New York	16,6
6	Buenos Aires	5,0	6 Seoul	15,8
7	Chicago	4,9	7 Lagos	13,4
8	Moskau	4,8	8 Los Angeles	13,1
9	Kalkutta	4,4	9 Moskau	13,1
10	Los Angeles	4,0	10 Shanghai	12,9
11	Peking	3,9	11 Kalkutta	12,9
12	Osaka	3,8	12 Buenos Aires	12,5
13	Mailand	3,6	13 Peking	12,4
14	Mexiko	3,1	14 Jakarta	11,5
15	Philadelphia	2,9	15 London	11,1
16	Bombay	2,9	16 Rio de Janeiro	11,1
17	Rio de Janeiro	2,9	17 Karatschi	9,9
18	Detroit	2,8	18 Kairo	9,7
19	Neapel	2,8	19 Paris	9,5
20	Leningrad	2,6	20 Manila	9,3

Die Angabe von Einwohnerzahlen solcher Megastädte ist sehr schwierig, denn Bevölkerungszählungen finden nur alle 10 – 20 Jahre statt und diese Städte sind längst über die Stadtgrenze hinaus gewachsen.

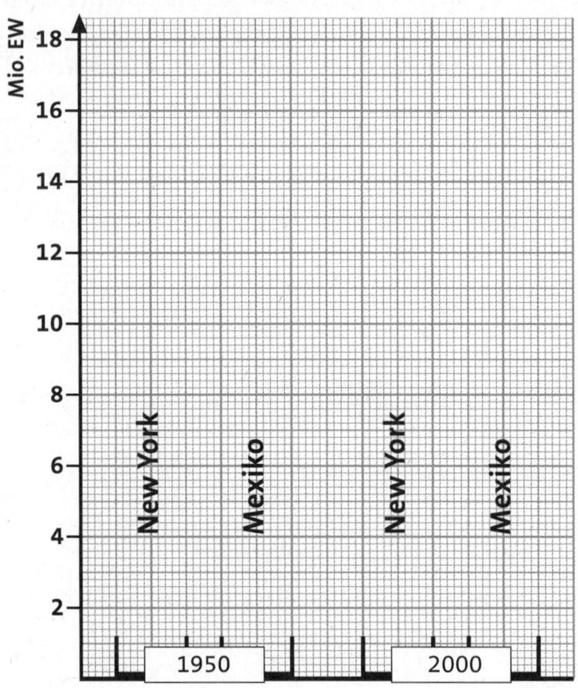

2

a) Zeichne zu New York und Mexiko zwei Säulendiagramm-Paare zu den Zahlen aus der Tabelle. Male sie verschiedenfarbig aus.

b) Was stellst du beim Vergleich der beiden Stadtentwicklungen fest? Versuche eine Begründung dafür.

Vergleich: ______________________________

Begründung: ______________________________

Was ist eigentlich Hunger?

❶
Man schätzt, dass täglich etwa 100 000 Menschen direkt oder indirekt (wegen fehlender Widerstandskraft gegen Krankheitserreger) an Unterernährung sterben. Rechne aus, wie viele das im Durchschnitt pro Schulstunde sind:

In 45 Minuten sterben ____________ Menschen.

Veranschauliche diese Zahl, indem du Figuren wie das vorgegebene auf den Zeitpfeil für eine Schulstunde zeichnest. Eine Figur = 100 Tote. Wie viele Figuren/Striche musst du setzen?

08.00 Uhr ———————————————————→ 08.45 Uhr

❷
Selbst wenn ein unterernährter Mensch eine gut bezahlte Arbeitsstelle mit körperlicher Tätigkeit angeboten bekäme, könnte er die Arbeit nicht richtig leisten. Rechne mithilfe der folgenden Angaben aus, wie viele Stunden ein Äthiopier an einem Tag noch arbeiten kann, wenn er nur knapp 1 700 kcal/Tag zur Verfügung hat.

Durchschnittlicher Energieverbrauch (kcal)	
1 Std. Schlaf	65
1 Std. leichte Arbeit	170
1 Std. mittelschwere Berufstätigkeit	180
1 Std. Schwerstarbeit	300

Berechnung des Kalorienbedarfs pro Tag (kcal)

8 Std. Schlaf: ____________

4 Std. leichte Tätigkeit (Hausarbeit, Wege): ____________

Verbrauch zusammen: ____________

Verbleibende Kalorienmenge: 1 700- ____________ = ____________

Mögliche Arbeitsstunden pro Tag

bei mittelschwerer Tätigkeit: ____________ : 180 ≈ ______ Std. ____________

bei Schwerstarbeit: ____________ : 300 ≈ ______ Std. ____________

❸
Kaum zu glauben: Auf der Welt gibt es mehr übergewichtige als unterernährte Menschen. Auch in Deutschland hat mehr als ein Drittel der Bevölkerung Übergewicht – kein Wunder bei einer durchschnittlichen Kalorienmenge von 3300 kcal/Tag. Überernährung hat wie Unterernährung negative Folgen: Die sogenannten Zivilisationskrankheiten wie Kreislauferkrankungen, Zuckerkrankheit und Krebs nehmen zu.
Wie stellt man Übergewicht oder Unterernährung fest? Jeder kann das mithilfe des sogenannten Body-Mass-Index (BMI) ausrechnen. Dazu teilt man sein Körpergewicht in kg durch die Quadratzahl seiner Körpergröße in m. Man erhält eine Zahl, die man mithilfe der folgenden Tabelle beurteilen kann.

Body-Mass-Index = Körpergewicht (kg) : Körperlänge (m)²

>16	16-17	17-18,5	18,5-25	25-30	30-40	>40
erhebliches Untergewicht	mäßiges Untergewicht	leichtes Untergewicht	gesunder Bereich	leichtes Übergewicht	mäßiges Übergewicht	erhebliches Übergewicht

a) Berechne deinen Body-Mass-Index.
b) Berechne den BMI von Familienmitgliedern.
c) Sprecht anhand der Ergebnisse über Ursachen von Übergewicht und Unterernährung.

 ISBN 3-623-23535-0

Überfluss und Hunger

1

a) Berechne aus den Angaben in der Karte die Gesamtmenge der Futtermittelimporte aus der Dritten Welt nach Deutschland.

Sie betragen: ______________________ t

b) Aus welchen beiden Regionen der Erde stammen die Futtermittelimporte hauptsächlich?

____

c) Informiere dich über die Ernährungslage in den Ländern dieser Regionen der Erde. Daten dazu findest du im Anhang deines Schülerbuches (Strukturdaten). Stelle eine Liste zusammen.

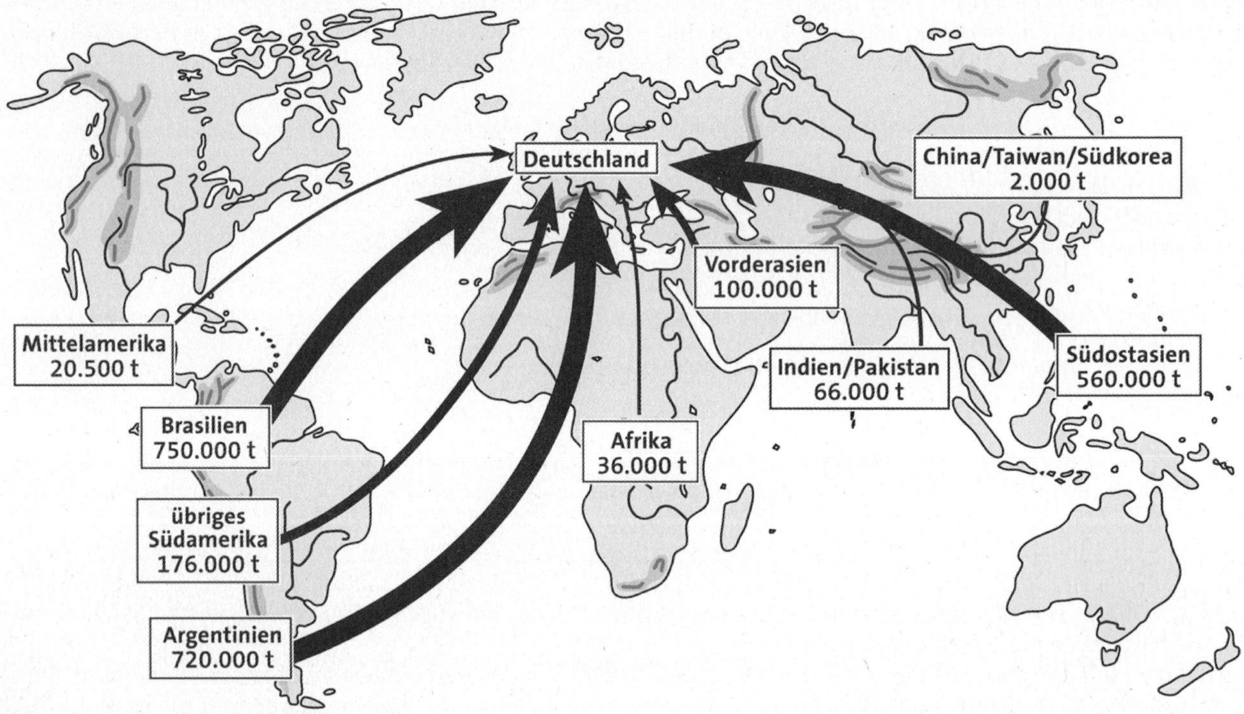

2

Mit mehr Ackerbau und weniger Viehzucht könnte auf der Erde erheblich mehr Nahrung für die Menschen erzeugt werden als es heute geschieht. Veranschauliche die folgenden Zahlen in Form einer kleinen Grafik. Zeichne die entsprechende Anzahl von Punkten (●) in die Streifen ein.
Ein Hektar Kulturland ernährt so viele Menschen:

Bei Pflanzenproduktion:	**Eiweißbedarf**		**Kalorienmenge**	
Kartoffeln	11		17	
Soja	11		5	
Weizen	5		9	
Gemüse	12		5	
Bei Viehzucht:				
Schweine	1,5		2	
Rinder	2,5		2	
Milchvieh	1,5		1,5	

 ISBN 3-623-23535-0

Umweltzerstörung schafft Hunger

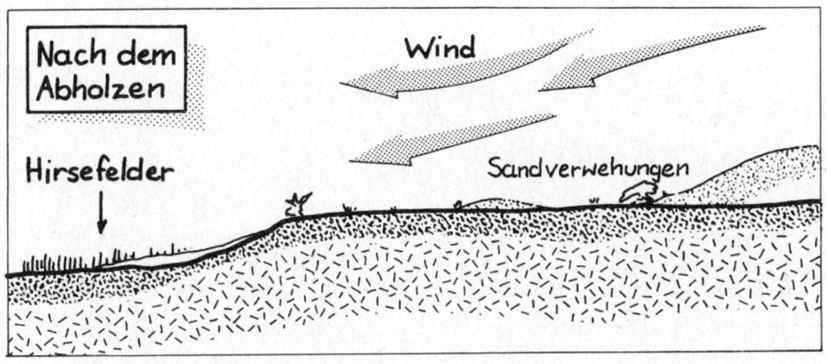

1

a) Erkläre die Bedeutung der natürlichen Vegetation für den Boden der Savanne.

b) Begründe, warum es nach der Beseitigung der natürlichen Vegetation zur Wüstenbildung kommen kann.

2

a) Gestalte die Karten farbig.

b) Werte die beiden Karten aus: Welche Unterschiede erkennst du zwischen 1976 und 1994? Wie kannst du sie erklären?

- Gewässer (zeitweise)
- rot – Dorf
- dklgrün – Hirseanbau
- hellgrün – Grasvegetation auf alten Dünen
- orange – Wüstenbildung
- grau – Dornsavanne
- grau + Bäume – Bäume

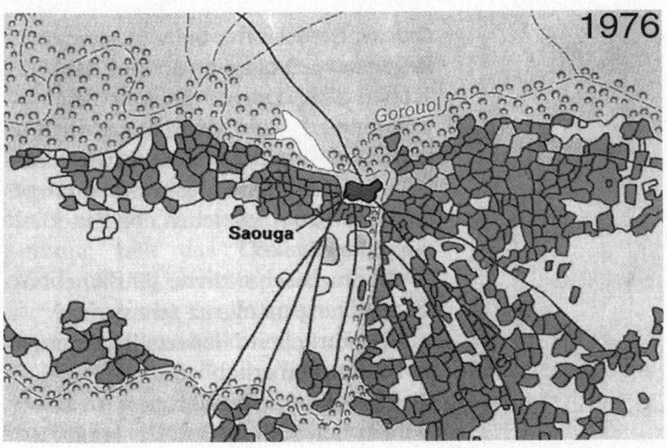

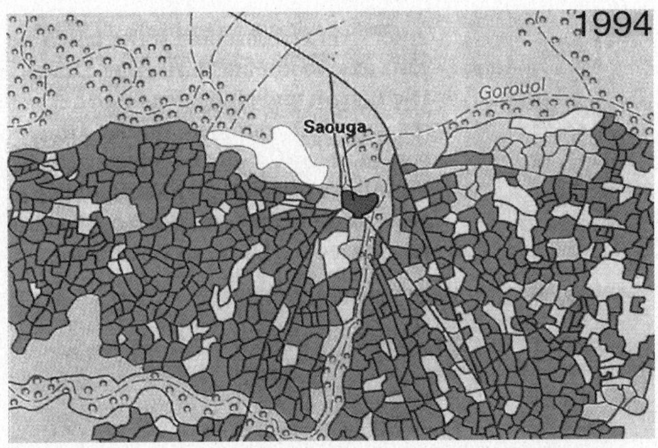

Schadet Hilfe?

Es ist mitunter schwer, Probleme zu lösen, ohne neue zu schaffen. Ein Beispiel: Kostenlose Nahrungsmittelhilfe kann auch unerwünschte Nebenwirkungen haben. Eine davon: Viele Bauernfamilien in Entwicklungsländern haben dadurch Schwierigkeiten, ihre Ernten zu verkaufen. Die Hilfslieferungen, z.B. aus europäischen Überschüssen, drückten die Preise des einheimischen Getreides. Hunger in Äthiopien hieß ja nicht, dass überall in Afrika Mangel an Getreide herrschte. Ja, es hieß nicht einmal, dass überall in Äthiopien die Ernten schlecht waren. Die Bäuerinnen und Bauern klagten über Konkurrenz aus Europa.

Aus Fehlern hat man gelernt: Als 1987 in Moçambique eine Hungersnot herrschte, schickte die Europäische Gemeinschaft (EG) Geld, womit im Nachbarland Simbabwe Mais aufgekauft wurde. Der Mais wurde nach Moçambique transportiert, womit dort den Hungernden und in Simbabwe den Bauernfamilien geholfen war.

Quelle: Grupp, C. D.: Welt im Wandel. – Köln: OMNIA Verlag 1993, S. 26

1

a) Lies den Text genau durch und unterstreiche Einzelbegriffe oder Wortgruppen, die eine Antwort auf die Frage „Schadet Hilfe?“ geben.

b) Vervollständige den folgenden Satzanfang mithilfe deiner unterstrichenen Wörter so, dass das Problem der falschen Entwicklungshilfe deutlich wird:
Kostenlose Nahrungsmittelhilfe kann schaden, weil

c) Begründe mit deinen Worten, warum bei der Hungersnot in Moçambique die Hilfe mit Geld sinnvoller war als die Hilfe mit Nahrungsmitteln aus Europa.

2

Die Begriffe in den Kästen nennen wichtige Maßnahmen zur Ernährungs- und Trinkwassersicherung in der Sahel-Zone als Hilfe zur Selbsthilfe. Klebe die passenden Fotos aus dem Ausschneidebogen jeweils darüber und schreibe einen kurzen Fototext zur Erläuterung dazu.

Beratung in der Landwirtschaft	Brunnenbau	Aufhäufen von Bodenwellen	Setzen neuer Bäume